科学选用保健食品

中国保健协会科普教育分会　组织编写

中国健康传媒集团
中国医药科技出版社

内容提要

保健食品虽不是药品，但可以通过补充营养、调节机体功能，发挥其特定的保健功效，因此，提高保健食品安全素养很重要。本书主要从保健食品的基本知识和理念、健康生活方式与行为和营养保健三方面介绍了消费者迷惑和关心的保健食品安全问题，帮助读者认清保健食品，理性地进行保健食品消费，安全地选用保健食品。本书适合广大“志在”养生保健的读者参考阅读。

图书在版编目（CIP）数据

科学选用保健食品 / 中国保健协会科普教育分会组织编写. —北京：中国医药科技出版社，2021.9

（公众健康素养图解）

ISBN 978-7-5214-1412-7

Ⅰ. ①科… Ⅱ. ①中… Ⅲ. ①疗效食品－食品安全 Ⅳ. ① TS218

中国版本图书馆 CIP 数据核字（2019）第 220703 号

美术编辑 陈君杞
版式设计 锋尚设计

出版 **中国健康传媒集团 | 中国医药科技出版社**
地址 北京市海淀区文慧园北路甲 22 号
邮编 100082
电话 发行：010-62227427 邮购：010-62236938
网址 www.cmstp.com
规格 880 × 1230mm 1/32
印张 3 3/8
字数 79 千字
版次 2021 年 9 月第 1 版
印次 2021 年 9 月第 1 次印刷
印刷 三河市万龙印装有限公司
经销 全国各地新华书店
书号 ISBN 978-7-5214-1412-7
定价 35.00 元

获取新书信息、投稿、为图书纠错，请扫码联系我们。

序

健康是我们每一个人的愿望和追求，健康不仅惠及个人，还关系国家和民族的长远发展。2016年，党中央、国务院公布了《“健康中国2030”规划纲要》，健康中国建设上升为国家战略，其中健康素养促进是健康中国战略的重要内容。要增进全民健康，首要的是提高健康素养，让健康知识、行为和技能成为全民普遍具备的素质和能力。

“健康素养水平”已经成为《“健康中国2030”规划纲要》和《健康中国行动（2019—2030年）》的重要指标。监测结果显示，2018年我国居民健康素养水平为17.06%，而根据《国务院关于实施健康中国行动的意见》目标规定，到2022年和2030年，全国居民健康素养水平分别不低于22%和30%。要实现这一目标，每个人应是自己健康的第一责任人，真正做好自己的“健康守门人”。提升健康素养，需要学习健康知识，并将知识内化于行，能做出有利于提高和维护自身健康的决策。

为助力健康中国建设，助推国民健康素养水平提升，中国保健协会科普教育分会组织健康领域专家编写了本套《公众健康素养图解》。本套丛书以简练易懂的语言和图示化解读的方式，全面介绍了膳食营养、饮食安全、合理用药、预防保健、紧急救援、运动保护、心理健康等维护健康的知识与技能，并且根据不同人群特点有针对性地提出了健康促进指导。

一个人的健康素养不是与生俱来的，希望本套丛书能帮助读者获取有效实用的健康知识和信息，形成健康的生活方式，实现健康素养人人有，健康生活人人享。

张凤楼

2021年5月

前言

随着现代社会的不断发展，生活节奏的逐渐加快，人们的饮食充斥着越来越多的快餐食品、外卖食品和即食食品。这种不良饮食习惯使人们的膳食结构也产生了很大变化，经常热量过剩，但机体所需要的营养元素不能完全从日常饮食中获得。因此，越来越多的人想通过吃保健食品来补充摄入不足的营养物质，改善机体的不良健康状态，增强免疫力。

由此可见，提高保健食品健康素养尤为重要。健康素养，即指个人获取和理解健康信息，并运用这些信息维护和促进自身健康的能力。保健食品中含有一定量的功效成分，能调节人体的功能，具有特定的保健功效。但值得注意的是，保健食品首先是“食品”,与药品不同，它并不是为了治疗身体的疾病或消除身体的病症而“存在”的，因此当身体患病时，建议在专业医生的指导下进行治疗调理。

本书首先通过介绍保健食品的基本知识和理念，解答了大家对保健食品的众多疑问；其次，健康生活方式与行为，指导大家科学认识保健食品；最后，营养保健部分，可以让读者认识保健食品的具体成分所起作用、如何选用适合自己的保健食品、怎样摄取更有效以及注意事项等。希望通过本书的介绍，大家可以更科学地认识保健食品，更理性地进行保健食品消费，并安全地选用保健食品。

编　者

2021年3月

目录

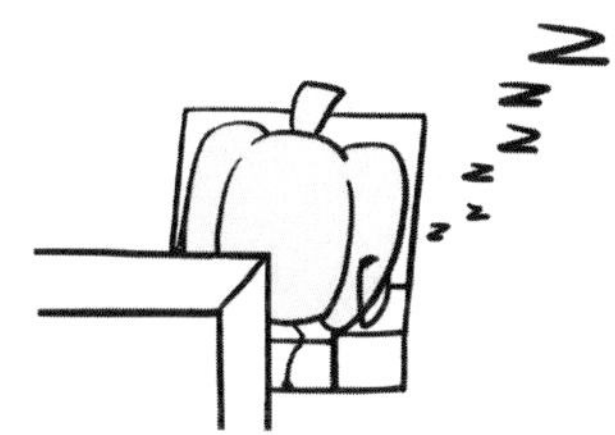

1 基本知识和理念

健康生活方式与行为

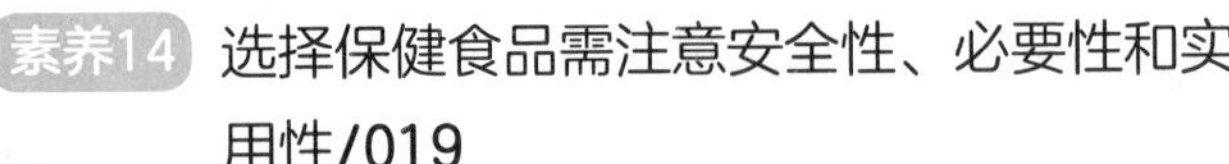

3 营养保健

1 基本知识和理念

素养 1 保健食品具有特定的保健功能

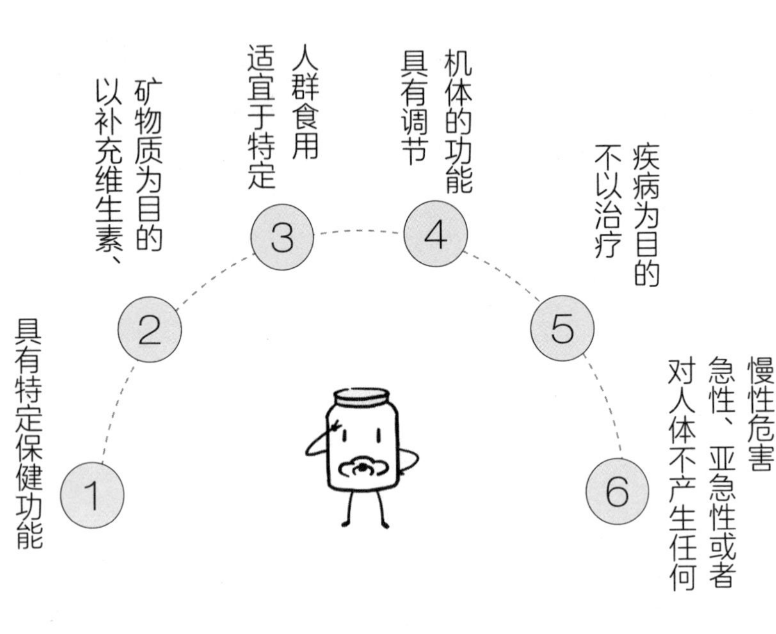

素养 2 保健食品与其他食品有区别

保健食品是食品的一个特殊种类，介于其他食品和药品之间。

素养 3

保健食品不能代替药品

1

保健食品是介于食品和药品中间的一类产品，有些成分是药食同源的中草药，可能会具有一定的调理功效，但不能当作药品来吃

2

保健食品的主要用处在于补充、调理、预防，但不是治疗

注意

有些无良商家大肆鼓吹保健食品所谓的治疗功效，打出虚假的招牌来欺骗消费者，大家千万不能相信这些！这不仅仅会浪费大量金钱，更有可能耽误病情！

素养 4

保健食品是特殊的食品，但不是药品

	保健食品	食品	药品
具有特定功效	✓	✗	✓
规定用量及范围	✓	✗	✓
可能有不良反应	✗	✗	✓
仅可口服	✓	✓	✗

素养5

正规保健食品的标识和产品说明书应按规定标示

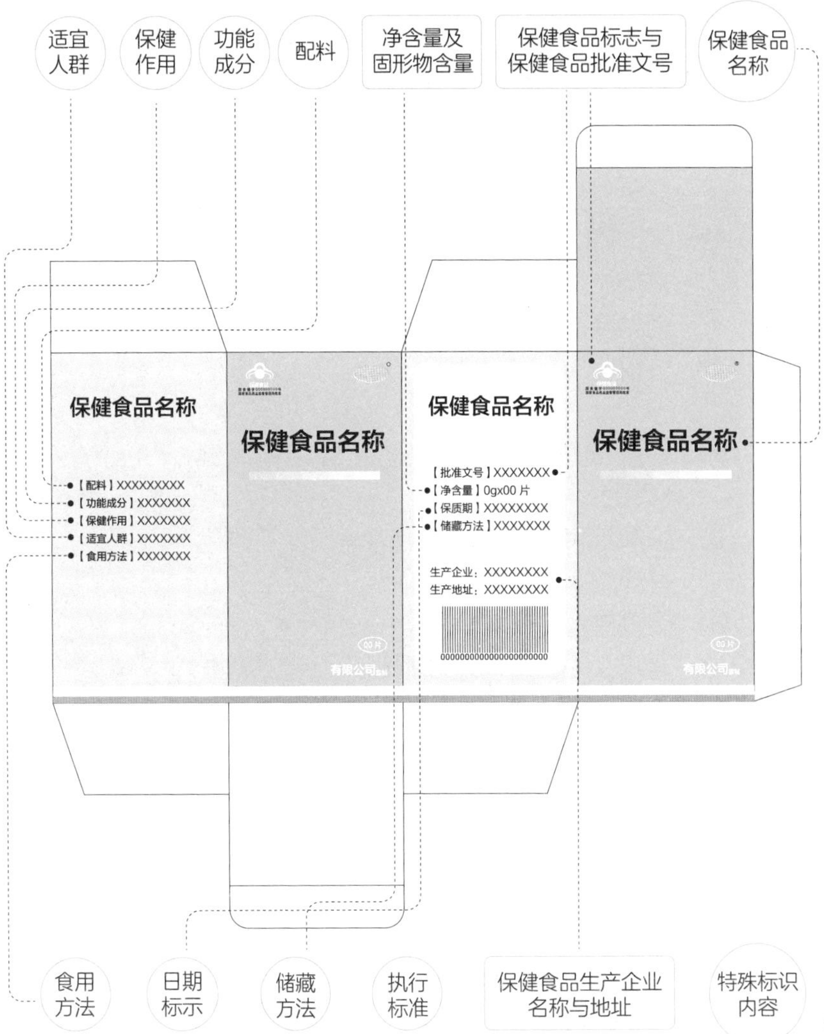

素养6

我国允许注册申请的特定保健功能有27项

❶ 增强免疫力（如人参类、蜂胶类、螺旋藻类、蛋白质粉、矿物质、维生素等）
❷ 辅助降血脂（如深海鱼油等，但不能代替降脂药）
❸ 辅助降血糖
❹ 抗氧化（如维生素E、葡萄籽、鱼肝油等）
❺ 辅助改善记忆（如一些含DHA的保健食品）
❻ 缓解视疲劳（如维生素A等，但不可代替药物）
❼ 促进排铅
❽ 清咽（主要针对慢性咽炎所引起的咽喉不适）
❾ 辅助降血压
❿ 改善睡眠（如褪黑素等）
⓫ 促进泌乳
⓬ 缓解体力疲劳

13 提高缺氧耐受力（如角鲨烯、沙棘籽油、维生素E、枸杞子、冬虫夏草、螺旋藻、茶多酚、珍珠粉、牛初乳等）
14 对辐射危害有辅助保护功能
15 减肥（此类保健食品中一般含有可以增减饱腹感的营养素）
16 改善生长发育（适宜生长发育不良的少年儿童）
17 增加骨密度
18 改善营养性贫血
19 对化学性肝损伤有辅助保护功能
20 祛痤疮（此类保健食品一般可以长期使用，辅助祛痤疮的药物发挥作用）
21 祛黄褐斑
22 改善皮肤水分
23 改善皮肤油分
24 调节肠道菌群
25 促进消化
26 通便
27 对胃黏膜损伤有辅助保护功能

素养 7

购买保健食品，要注意仔细辨别真假

1 看“蓝帽子”（保健食品专用标志）

2 扫条形码（可以获得产品的信息）

3 看生产日期，注意贮存方法

4 看规格、食用方法和保质期（保健食品外包装需标注“净含量/粒”“每100g有效成分含量”这两项指标）

5 看保健功能（国家批准的每个产品的保健功能最多是两种，且其保健功能共有27种，不能超出范围）

6 看适宜人群与不适宜人群

7 看生产商及批号（购买前可先在网上查询生产商信息，判断其产品是否安全；国产保健食品的批准文号为“国食健字”）

国产保健食品的批准文号格式	国食健字G+4位顺序号

进口保健食品的批准文号格式  国食健字J+4位年代号+4位顺序号

素养 8

学会正确识别保健食品宣传和广告中的“虚假”问题

1 无中生有的虚假宣传

（如标有“改善性功能”“增高”功能的保健食品）

2 擅自增加产品功能

（如一些保健食品仅有“免疫调节”功能，但宣传中却夸大成有“美容”功能）

3 “山寨”大牌弄噱头

4 宣传疗效或暗示疗效

× “奇迹般地为数万患者解除或减轻了顽固性肠胃炎、顽固性头痛、肿瘤和心脑血管疾病的折磨”

× “对癌症、心脏病、老年性疾病、白内障、糖尿病、高血压等40多种疾病，有较好的预防和辅助治疗作用”

5 “营养素补充剂”产品宣传保健功能

（营养素补充剂产品，只能注明“补充××营养素”，除此之外“不得声称其他特定保健功能”）

6 借所谓的“专家”“患者”现身说法

7 假借中医进行误导

（一些产品获得批准的功能是“免疫调节”，但用中医学理论解释，就延伸了不具备的功能，如“延年益寿、养心安神，对增强老年人体质、抗衰老有辅助作用”等）

8 假借权威机构宣传和推荐保健食品

9 违法宣称产品具有“保健功能”

素养 9 选择保健食品，警惕卖家的骗局

1. 利用儿女对父母的孝心
2. 利用老人生病不愿意麻烦孩子们的心情
3. “包治百病”“药到病除”切不可信（夸大宣传产品功能，大剂量违法添加药物成分）
4. 讲座、义诊只是幌子
5. 宣称“进口、专利、高科技”
6. “连哄带骗”欺骗老人（洗脑营销、亲情营销、体验营销、“免费体验”）
7. “慢性病能完全自愈”
8. “陪聊”搞亲情促销
9. 步步设套，最后“走人”
10. “买保健食品能发财”
11. 以“免费旅游”“赠送体检”为名义

素养10

保健食品不可以治病

辅助治疗 〉

保健食品可以调节、增加人体的某些功能，如高血压、高脂血症、糖尿病患者，可以在正常服用药物的前提下，选用一些保健食品辅助治疗。但需要注意的是，选择保健食品一定要根据身体所需，并最好有医生的诊断建议。

保健食品不能治疗疾病。如果因保健食品替代药品的治疗作用而影响治疗，轻则会使病情加重，重则可能危及生命。

注意

选择保健食品一定要根据身体所需，并最好有医生的诊断建议。

素养 11

价格越高的保健食品，功能不一定越多，效果也不一定越好

现在很多保健食品在销售过程中，很多经销商都会在保健食品的广告上花很多心思。

1

一种产品包装精美，并天天做广告，则价格会较高

2

另一种产品包装普通，虽然看着不起眼，但其营养价值并不比前者差多少

价格越贵的保健食品并不一定效果就越好，只有适合自己的保健食品才是最好的。

素养 12

保健食品不是吃得越多效果越好

很多人误以为保健食品也是食品，吃多了没关系，但事实上这种想法是错误的。

过量摄取胡萝卜素 » 会增加吸烟者患肺癌的风险

过量服用水溶性的维生素 » 会给身体增加负担

过度摄取不仅不会带来预期的更好的效果，还会有危害健康的风险。一定要参考标准剂量，不要过量摄取。

在正常情况下，只要科学合理搭配食物，吃得适量、均衡，就不容易出现营养不良和营养过剩。

素养 13

一种保健食品不适合全家老小一起吃

事实上，每种保健食品都有相应的适宜人群，全家老小可能分别属于不同的适宜人群，一种保健食品不适合全家老小一起吃。

亚健康人群

可长期服用蛋白质、氨基酸、维生素、矿物质等保健食品

以缓解体力疲劳，增强免疫力，改善睡眠等

心脑血管疾病人群

可以长期服用软化血管、改善血液黏稠度的保健食品，如深海鱼油、卵磷脂、大蒜油等

以预防心脑血管疾病的发生

中老年人群

可以选择健脑明目，调节血压、血脂、血糖，健脾和胃，补充蛋白质、维生素、矿物质的保健食品

可长期服用补钙类的保健食品 › 以预防骨质疏松

妇女人群

可以适当补充含蛋白质、钙、铁、大豆异黄酮等多种维生素、矿物质的保健食品 › 以预防早衰，达到美容养颜的功效

儿童人群

正处于生长发育期，可适当补充含有钙、铁、维生素、氨基酸等营养物质的保健食品

要根据自己的生理状况和所属人群合理选购保健食品。

2 健康生活方式与行为

素养 14

选择保健食品需注意安全性、必要性和实用性

1 安全性

认准保健食品的标志"小蓝帽"和批准文号

2 必要性

处于亚健康状态的人，可以通过选用保健食品进行调节；但如果已经生病了，就要及时去看医生，保健食品不能用来治病

3 实用性

正规保健食品上的标签会标注适宜人群和不适宜人群

素养 15 婴幼儿不适合吃保健食品

现在有很多家长认为，宝宝的免疫力比较低，需要用保健食品来提高免疫力，但事实并非如此。因为对于婴幼儿来说，母乳中含有天然且最适合宝宝的免疫物质，如果宝宝胡乱使用保健食品，则可能会影响其免疫系统的正常发育。

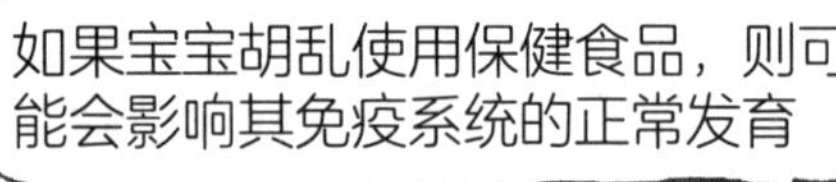

0~3
岁

婴幼儿不适合
吃保健食品

0~6
个月

婴儿推荐纯
母乳喂养

6~24
个月

婴幼儿推荐继续母乳喂养，并逐步添加辅食（不添加调味品），从强化铁米粉等食物开始，逐步添加食物种类，保证食物多样

保健方法

也有一些家长认为，服用保健食品可以促进生长发育，但事实上这些保健食品主要是用于生长发育迟缓的少年儿童，而不是正常发育的婴幼儿。

注意

通常来说，保健食品是用于生长发育迟缓的少年儿童，正常的宝宝是不需要的。

素养16

儿童容易营养不均衡，可适量补充矿物质、维生素制剂

1 生长发育迅速，代谢旺盛，活泼好动，故需要提供充足的营养

2 消化功能尚未达到成年人水平，故不应过早接受成人膳食

3 各个器官发育速度不同，脑和神经系统发育较早，生殖系统发育较晚

4 体重每年约增加2~3千克，身高每年约增加5厘米

常见问题

1. 营养不良性水肿、贫血、消瘦，或便秘、食欲下降、消化不良
2. 体重过低、体脂肪和体蛋白过度消耗，或肥胖、心血管病风险
3. 体重不增、眼干燥症、佝偻病，或消化不良、大便多、胃口不佳
4. 生长发育问题

原因分析

碳水化合物
摄入不足或
过多

保健方法

1 均衡、适量摄入营养，不偏食、挑食

2 可适当额外补充矿物质、维生素制剂

3 适量运动、保证睡眠

注意

营养素补充不可过量。

素养 17

人在青春期容易出现饮食困惑，要注意科学均衡饮食

1 青春期是生长发育的第二个高峰期，故需要摄入足够的营养以满足生长发育的需要

青少年的生理特点

2 性发育成熟，生殖系统迅速发育，第二性征逐渐明显

3 身体成分会开始发生变化，男生肌肉比例增加，男女生需要的能量也有所不同

常见问题

1 发育不良

2 肥胖

3 学习能力下降

原因分析

1 饮食不规律、过度节食

2 营养过剩、膳食不合理

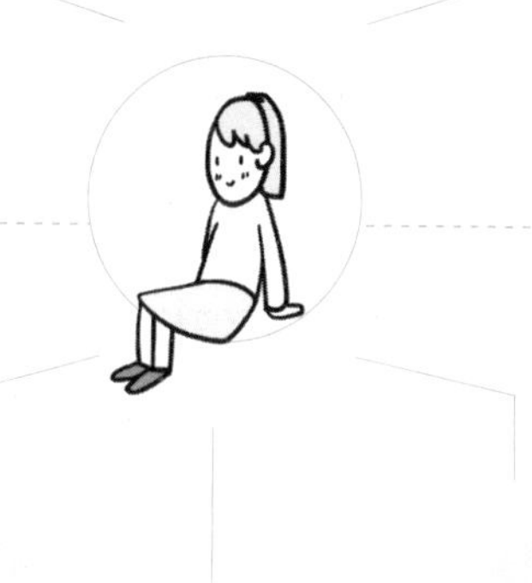

保健方法

科学均衡饮食

注意运动和休息

必要时额外补充维生素、矿物质等营养素

相关保健成分：钙、铁、B族维生素

素养 18

中青年人为了保持健壮体魄，可适量补充维生素、人参制品或大蒜提取物

常见问题

1 肥胖

2 疲劳、压力

3 肝功能损伤、维生素流失

原因分析

1 膳食不合理（进食过多高脂肪、高热量食物）

2 缺乏运动

3 乳酸等疲劳物质的蓄积

4 酗酒、吸烟

相关保健成分：B族维生素、维生素C、维生素E、辅酶Q_{10}

保健方法

科学饮食（减少动物性脂肪的摄取）

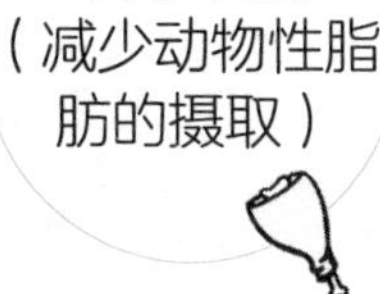

加强体育锻炼

控酒、戒烟

补充维生素、一些人参相关的制品或大蒜提取物

素养19

年轻女孩适量补充维生素，有助于改善皮肤问题

常见问题

经前综合征
（经前不适反应）

皮肤问题

原因分析

1 经期性激素变化及子宫内膜剥落引发前列腺素浓度升高

2 精神及心理因素

3 维生素流失、不良生活习惯

相关保健成分：γ-亚麻酸、钙、镁、B族维生素、维生素C、维生素E

保健方法

1 补充γ-亚麻酸（改善经前不适反应）

2 补充谷维素、维生素B_6、钙、镁等（改善精神症状）

3 补充维生素C、B族维生素、前花青素（改善皮肤）

4 改善不良习惯、调整身体状态

素养 20

30岁白领丽人要注重“三期”饮食

常见问题

原因分析

1 疲劳

2 空气污染

3 能量及营养素失衡

4 饮食不科学，如进食高脂、高糖食物等

保健方法

1 吃出细腻肌肤 > 补充水、维生素E、铁、优质蛋白、维生素A、β胡萝卜素等

2 勤补健脑饮食 < 补充维生素C、ω-3脂肪酸、磷脂等

3 减肥降脂饮食 > 补充膳食纤维，适量摄入蛋白质，少吃动物脂肪及糖等高能量食物

4 关注“三期”饮食 <

月经期

宜多食猪肝、瘦肉、鱼肉、紫菜、海带等

孕期和哺乳期

要保证热量和优质蛋白质摄入量，同时补充足量矿物质和维生素

相关保健成分：铁、维生素A、维生素C、维生素E

素养 21

孕妇可适当补充一些改善营养性贫血、增强骨密度、调节肠道菌群、促进消化功能的保健食品

改善营养性贫血

孕妇由于早孕反应，可能会导致膳食摄入不足，引起叶酸、维生素B_{12}、铁等营养素缺乏，进而出现营养性贫血。

建议咨询医生，适当服用一些改善营养性贫血的保健食品。

增强骨密度

孕妇缺钙对母体的影响比对胎儿的影响大，易引起小腿抽筋、骨质疏松等。

孕妇可适当补充增强骨密度的保健食品。

此类保健食品通常可分为两种

1 含钙类，可直接补钙，可在医生指导下服用

2 通过调整内分泌促进钙吸收，如大豆异黄酮等，但大豆异黄酮不宜孕妇服用

调节肠道菌群、促进消化功能

由于孕妇在孕早期容易出现恶心、呕吐、食欲不振等早孕反应，因此应多吃清淡易消化的食物，少食多餐。可在医生指导下适当补充一些调节肠道，促进消化功能、排便功能的保健食品。

若早孕反应比较严重，应及时就医。

注意

这三种保健食品只能作为辅助，购买前应注意不适宜人群是否包括孕妇。

素养22

刚生完宝宝的乳母为了母子的健康，可以适当补充改善营养性贫血、促进泌乳和增强骨密度的保健食品

改善营养性贫血

乳母孕期贫血延续或分娩期间出血过多，都容易引起营养性贫血。因此，可适当服用一些改善营养性贫血的保健食品，但由于部分物质会通过乳汁传递给婴儿，故具体治疗应咨询专业医生。饮食方面可多吃动物肝脏、牛肉、羊肉、猪肉、兔肉等。

促进泌乳

母乳是最适合宝宝的食物，但有很多妈妈们常常因为母乳不足而烦恼。此外，泌乳除了与乳母营养、激素、婴儿刺激外，还与情绪等有关，因此乳母应保持心情舒畅，避免生气等。

可在医生指导下适当补充一些促进泌乳的保健食品。

目前此类保健食品只有 11 种 > 多是通过中医学理论催乳或补充营养来促进乳汁分泌

增强骨密度

乳母在哺乳期钙的消耗很大，容易引发骨质疏松，饮食上，尽量多吃含钙高的食物，如牛奶、豆制品、海带、虾皮等。

可在医生指导下适当补充钙剂，以增强骨密度。

豆制品

虾皮

牛奶

海带

素养 23

更年期女性出现类绝经期症状，可适量补充植物性雌激素

常见问题

更年期

心理及精神问题

肥胖及“三高”

骨质疏松

潮热、半身出汗、心悸等类似绝经期的不适症状

下肢或面部浮肿

原因分析

1 水、电解质代谢紊乱

2 糖代谢、脂肪代谢紊乱

3 工作、生活压力大

4 雌激素分泌减少，引起钙、磷流失

保健方法

补充植物性雌激素有助于缓解症状 > 如大豆异黄酮、亚麻木酚素等

合理调整膳食 > 限制食盐量，少吃高糖、高脂食物，选择优质蛋白

摄取足够的B族维生素 > 如维生素B_1（硫胺素）、维生素B_2（核黄素）、维生素B_3（烟酸）、维生素B_5（泛酸）等

防治骨质疏松 > 选择高钙食物，同时选择含镁和维生素K高的食物

相关保健成分：葡萄籽油、B族维生素、维生素C、维生素E、β-胡萝卜素、钙、镁、维生素D、维生素K、异黄酮

素养 24

更年期男性适量补充雄激素，有利于缓解疲劳，增强记忆力

常见问题

精神症状

疲劳感、集中力和记忆力降低，忧郁

身体症状

肌肉力量降低、失眠、出汗、颈部及肩膀酸痛等

性功能问题

性欲降低、勃起障碍等

原因分析

雄激素水平降低

营养物质流失

保健方法

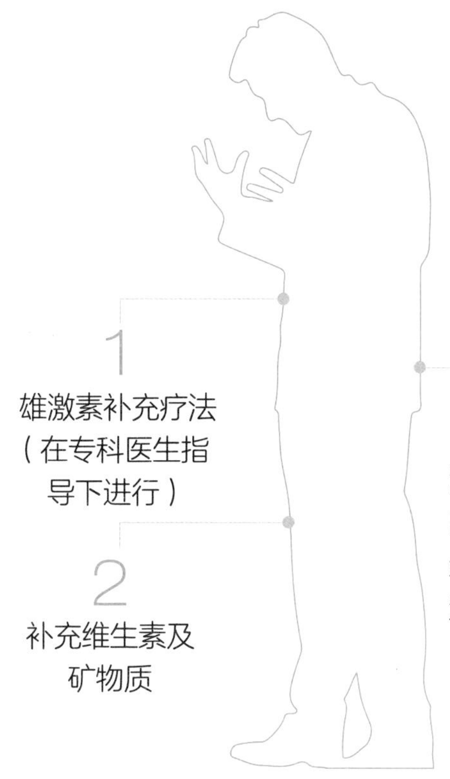

1

雄激素补充疗法（在专科医生指导下进行）

2

补充维生素及矿物质

3

注意摄取DHA、EPA、维生素E、维生素B_6、维生素B_{12}、茄红素等

相关保健成分：蛋白质、EPA、DHA、维生素B_6、维生素B_{12}、叶酸

素养 25

老年人除了注意饮食搭配及运动外，还要适量补充人体必需的营养素

常见问题

骨质疏松

不同程度的慢性疾病

心血管病、肿瘤、代谢性疾病等

肌肉减少

各脏器功能减弱

内分泌、免疫力、消化功能异常，血管老化，运动功能障碍，记忆力减退

原因分析

1 器官老化，营养吸收能力下降

2 免疫力下降

3 微量元素等营养物质的流失

保健方法

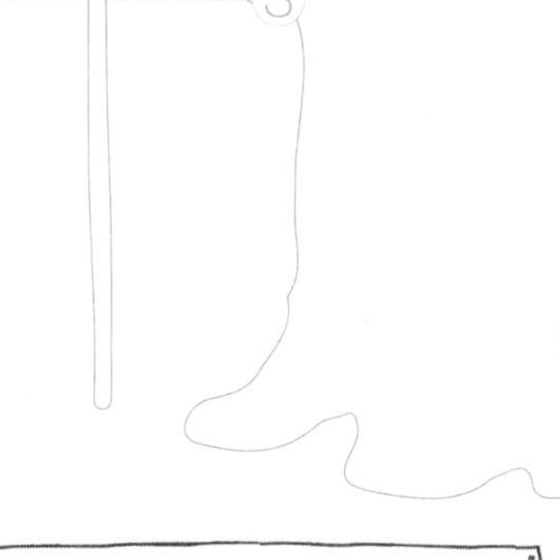

1 注意饮食搭配及运动锻炼

2 补充人体必需的营养素

3 延缓老化速度

多摄入维生素C、维生素E、多酚类、胡萝卜素等抗氧化物质，褪黑素，健脑的营养物质；男性可摄入含茄红素或锯棕榈等的食物

相关保健成分：蛋白质、维生素C、维生素E、银杏叶、辅酶Q_{10}

3 营养保健

素养 26

核酸 › 帮助新陈代谢，增强免疫功能

核酸可分为核糖核酸（RNA）和脱氧核糖核酸（DNA）。

作用

1 所有生物分子中最重要的物质（DNA是储存、复制和传递遗传信息的主要物质基础，RNA在蛋白质合成过程中起重要作用）

2 维持新陈代谢（保持皮肤弹性及乌黑的秀发，加速创伤愈合，防止瘢痕的产生）

3 净化血液（增加血清高密度脂蛋白，降低胆固醇总量）

获得方法

体内自行合成

食物摄取（如鱼子、贝类、动物内脏、瘦肉、酵母、豆制品、蘑菇等）

保健食品补充

适用人群

衰老、动脉粥样硬化者

素养 27

氨基酸 > 构成人体及生命活动的必要成分

作用

1 构成人体一切组织的主要成分

2 与人体生命活动密切相关

分类

分类	氨基酸
9种必需氨基酸	亮氨酸、异亮氨酸、赖氨酸、苯丙氨酸、蛋氨酸、苏氨酸、缬氨酸、色氨酸、组氨酸
“燃烧型”氨基酸（防止脂肪过多堆积）	赖氨酸、丙氨酸、脯氨酸、精氨酸
支链氨基酸（增加肌肉力量，有助于消除疲劳）	亮氨酸、缬氨酸、异亮氨酸
减缓脑细胞衰退	缬氨酸、亮氨酸、异亮氨酸、精氨酸、谷氨酰胺、丝氨酸等

获得方法

1 摄入蛋白质食物

2 尽量不偏食

适用人群

疲劳、肌肉酸痛、脑部老化者

素养 28

多肽类 › 帮助快速吸收，抑制血压上升

作用

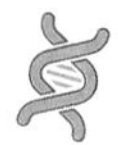

消化吸收的速度很快，即使在生病或病后体力和胃肠道功能都不好时，也能被迅速吸收

食物来源

芝麻多肽 › 控制血压

鱼类多肽 › 抑制血压上升

大豆多肽 › 抑制胆固醇升高、消除疲劳，有研究表明其有抑制肿瘤作用

苦瓜多肽 › 控制血脂、提高免疫力、减肥

蜂胶多肽 › 护肤（保持皮肤弹性、预防细胞老化、防治皱纹产生）、美容

获得方法

1. 消化吸收障碍患者的医用食品
2. 降压辅助食品
3. 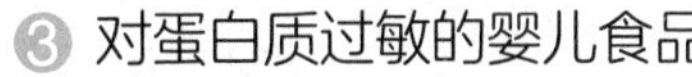对蛋白质过敏的婴儿食品
4. 促进钙吸收的食品
5. 运动食品

适用人群

高血压患者

素养 29

蛋白质 › 构建身体所必不可少的营养素

作用

构建身体不可缺少的营养素，是生命的物质基础

食物来源

动物性蛋白质

蛋类、肉类、牛奶

植物性蛋白质

以大豆蛋白为代表

获得方法

每千克体重每天大约需摄入

1~1.2克

蛋白质，动物性及植物性蛋白质各占一半是比较理想的比例

适用人群

免疫力下降、营养不良、肌肉减少者

素养30

卵磷脂 › 防止胆固醇附着，营养大脑

作用

1 形成细胞膜等生物体膜的主要成分，大脑、神经及细胞间的信息传导物质

2 负责人体各种功能的调节

3 与肝脏的代谢活动密切相关

4 预防胆固醇附着于血管壁

5 有助于预防和解决肥胖

6 健脑、调节机体平衡

获得方法

❶ 身体自行合成
❷ 食物摄取（如蛋黄、动物内脏等）
❸ 卵磷脂保健食品

注意

有些减肥产品标榜添加卵磷脂可以乳化脂肪，可以减肥。但事实上并非如此，因为卵磷脂大部分是脂肪成分，不是真能帮助减肥的成分

适用人群

脑部老化、动脉粥样硬化、血脂偏高者

素养 31

软骨素 › 构成软骨及结缔组织，促进骨骼生长

作用

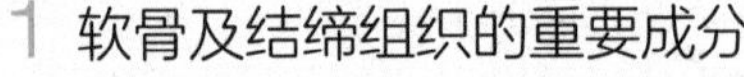
1 软骨及结缔组织的重要成分

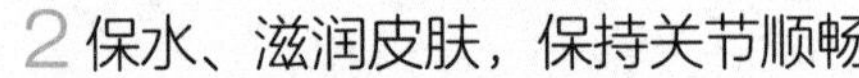
2 保水、滋润皮肤，保持关节顺畅

3 去除胆固醇及过氧化脂质

4 预防动脉粥样硬化

食物来源

动物性食品 › 鲨鱼软骨、犊牛气管等

获得方法

动物的皮及脆骨 — 一般含量不高

软骨素保健食品 — 补充更有效率

适用人群

骨性关节炎、关节老化及疼痛、血脂偏高、动脉粥样硬化者

素养 32

透明质酸 › 有效预防皮肤黑斑、皱纹

作用

1. 润滑关节
2. 维持晶状体健康
3. 保持血管壁的健康及通透性
4. 保持皮肤的水分及弹性

获得方法

- 动物性食品：皮、骨、关节
- 含透明质酸成分的保健食品，与维生素C、维生素E、钙同服效果更佳

适用人群

皮肤干燥、关节炎、视疲劳、黑斑及皱纹者

素养33

葡萄糖胺 › 帮助软骨组织修复，改善关节炎

作用

1 负责结合细胞间及组织间的结缔组织

2 制造软骨不可缺少的营养素

3 改善食欲不振

获得方法

1 适当选择含葡萄糖胺的保健食品

2 配合软骨素摄取，可增强对骨关节炎的疗效

适用人群

骨关节炎、关节炎、牙周炎、腰痛者

素养 34

钙 > 强健骨骼和牙齿

作用

1 保障骨骼和牙齿健康

2 消除烦躁，安定神经

3 有研究发现，钙有助于降低高血压，降低肾结石、结肠癌等癌症的发病率

食物来源

❶ 牛奶及奶制品 ❷ 海藻类 ❸ 芝麻及部分坚果

❹ 豆类及豆制品 ❺ 带鱼骨吃的小鱼和带皮吃的小虾

获得方法

成年人每天所需钙质约为

800毫克

50岁以上的人、孕妇或哺乳期女性每天所需钙质约为

1000毫克

搭配饮食摄取

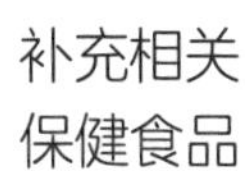

补充相关保健食品

适度晒太阳

适用人群

骨质疏松症、烦躁、高血压者

素养 35

铁 › 血液的主要成分，改善贫血

作用

防止贫血

血液的主要成分

预防感冒

食物来源

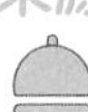

植物性铁质	人体吸收率约为3%～6%，如蔬菜、黑芝麻、黑木耳等
动物性铁质	人体吸收率约为20%，如肉类、动物全血、猪肝等

获得方法

中国营养学会规定每天适宜摄入铁量：

- 成年男性为**12**毫克
- 成年女性为**20**毫克

从食物中摄取：动物肝脏、动物血、红色瘦肉

铁补充剂：如琥珀酸亚铁、多糖铁复合物、硫酸亚铁等

注意

服用补铁制剂时，最好有明确的铁缺乏指征，并在医生指导下进行服用

适用人群

贫血、低血压、月经过多者、孕母（适当补充含铁高的食物或铁剂）

素养 36

镁 › 促进体内酶活化，缓解体力疲劳

作用

1 促进体内酶活化

2 参与糖类与脂质代谢，有助于消除疲劳

3 镁与钙的摄取比例最佳为1：2或1：3，有助于缓解焦躁

食物来源

❶ 全谷类、豆类、绿叶蔬菜和豆腐（镁含量较高）

❷ 肉类、香蕉、芝麻、奶制品和海藻

获得方法

中国营养学会推荐

成人每天镁适宜的摄入量为 **330**毫克

成人对镁的摄取上限是每日不超过 **700**毫克

注意

肾功能不全时，大量口服镁可引起镁中毒

适用人群

疲劳、心脏病、失眠者

素养 37

锌 > 促进皮肤生长，增强免疫力

作用

1 促进皮肤生长 2 强化免疫力 3 增加性能力

4 参与人体代谢 5 胰岛素构成成分

6 有研究表明，可促进儿童生长和减少营养不良

食物来源

❶ 牡蛎中锌含量最高

❷ 贝壳类、畜禽肉及肝脏、蛋、全谷类、坚果、酸奶

获得方法

中国营养学会推荐

成年男性一天摄入量为 **12.5**毫克

成年女性一天摄入量为 **7.5**毫克

- 可选择一些添加维生素A、维生素B_6等的复合型保健食品
- 不能过量摄取

适用人群

生长迟缓、性功能减退、易感冒、味觉迟钝者

素养38

铬 > 活化胰岛素功能，促进脂质代谢

作用

- 活化胰岛素功能，控制血糖血脂
- 促进脂质代谢
- 使DNA、RNA合成增强，调节细胞生长

食物来源

谷类、肉类、鱼类、贝类、豆类、坚果、蘑菇等

啤酒酵母、畜类肝脏中含量最高

获得方法

- 中国营养学会推荐每日适宜摄入量约为50微克
- 一般从日常饮食中即可摄取足够量
- 与维生素B_1一同摄取，效果更佳
- 补充保健食品，但不能过量

适用人群

糖尿病、动脉粥样硬化者

素养 39

硒 › 抗氧化，有助于延缓衰老

作用

1 抗氧化，延缓衰老　2 促进生长　3 抗肿瘤

4 预防动脉粥样硬化、糖尿病、白内障、肝病及心脏病

5 保护视觉器官

食物来源

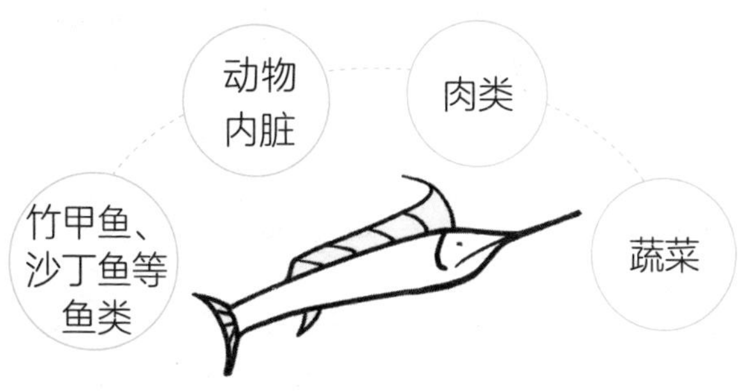

获得方法

- 中国营养学会推荐成年人每天摄入硒60微克
- 与维生素E一同摄取，效果更佳
- 摄取过多可致中毒

适用人群

肝功能障碍、糖尿病、白内障、动脉粥样硬化、癌症者

素养 40

维生素A › 改善皮肤和视力，帮助骨骼生长

作用

1 使黏膜保持完整（保护皮肤、头发及牙龈，维持正常视力）

2 维持机体免疫力，帮助骨骼生长，促进成长和病后恢复

3 抗氧化，防治体内器官过氧化、细胞膜受损

4 营养素的润滑剂

5 维持正常生长与生殖功能

6 抑制癌症，预防心脏病、呼吸道感染，降低胆固醇

食物来源

动物性食品

以视黄醇形态存在，如动物肝脏、鱼肝油、鱼卵、全奶、奶油、禽蛋

植物性食品

以胡萝卜素形态存在，如深色蔬菜和水果

获得方法

儿童及易疲劳的人特别需要适量补充

维生素A与胡萝卜素的摄取比例应为1：1

与含脂质的食物同食效果更佳

适用人群

夜盲症，眼干燥症，视力降低，皮肤干燥、粗糙，癌症者

素养 41

维生素B_1 › 改善大脑功能，预防疲倦感

作用

1 消除疲劳

2 维持大脑神经系统稳定，改善大脑功能

3 维持肌肉特别是心肌的正常功能

4 维持正常食欲、胃肠蠕动和消化液分泌

5 有研究显示，维生素B_1对防治阿尔茨海默病有帮助

食物来源

动物内脏（肝、肾、心）和瘦肉

全谷类

豆类

坚果

获得方法

食用富含维生素B_1的食物

摄入不足时考虑食用B族维生素保健食品或补充剂

适用人群

疲劳、脚气病、大脑老化者

素养 42

维生素B_2 > 协助营养素代谢的美容维生素

作用

1 与糖类、蛋白质的代谢以及脂质的合成、分解有关

2 强化肌肤、指甲及头发的发育

3 保护皮肤及黏膜

4 提高整体抵抗力

5 参与儿童的成长和女性的生育

食物来源

↑ 动物内脏（肝、肾、心）、蛋黄、鳝鱼、奶类、蘑菇、紫菜中含量较高

绿叶蔬菜、豆类有一定含量

获得方法

① 选择奶酪等奶制品、肉类、蛋类（蛋黄）和土豆

② 同时摄取维生素B_6和维生素C

适用人群

口腔炎、贫血、睑腺炎、白内障、脂溢性皮炎者

素养 43

维生素B_6 > 帮助女性保持大脑、神经和皮肤功能正常

作用

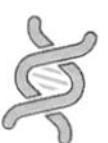

1. 参与体内氨基酸、脂肪酸代谢以及神经递质的合成
2. 强化免疫力
3. 制造能量所必不可缺的物质
4. 减轻女性经前综合征

食物来源

含量较多：
- 鸡、鱼、动物肝脏、蛋黄

- 全谷类、黄豆、鹰嘴豆、核桃、葵花籽

含量较少：
- 奶类及奶制品

- 油脂

获得方法

1. 维生素B_6 + 维生素B_2 同时摄取
2. 维生素B_6 + 维生素B_1 + 维生素C + 镁 一同摄取，效果更佳

适用人群

动脉粥样硬化、皮肤粗糙、早孕反应者

素养 44

维生素B_{12} > 改善贫血的红色维生素

作用

- 帮助红细胞生长，预防贫血
- 增加儿童食欲，促进成长
- 增强注意力及记忆力
- 缺乏会造成肢体疼痛、手脚发麻
- 帮助核酸合成
- 与大脑及神经功能有关，对缓解失眠有效
- 减缓女性经期或经前综合征

食物来源

动物性食物 > 肉类　动物内脏　蛋类　奶及奶制品

获得方法

1 纯素食者，需要额外足量补充

2 与胃黏膜制造的糖蛋白（内因子）结合才能被人体吸收

3 因胃癌等疾病而切除胃大部分或全部，或胃黏膜损伤者，应采取注射方式补充

适用人群

贫血、失眠、肩膀酸痛、腰痛者

素养 45

烟酸 > 促进糖、脂代谢，改善血液循环

作用

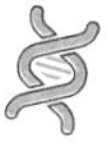

1. 促进糖类、脂质代谢
2. 制造能量，保障机体状态
3. 改善血液循环
4. 强化大脑神经功能
5. 预防心肌梗死复发
6. 辅助降低胆固醇

食物来源

鲣鱼　青花鱼　鱿鱼　鸡肉　动物肝脏

豆类　酵母　小麦胚芽　米糠　其他谷类

获得方法

- 通常日常饮食即可获得充足的量
- 中国营养学会推荐健康成人每天摄入量，男性约需15毫克，女性约需12毫克
- 摄取优质蛋白质
- 大量补充须经医生指导使用

适用人群

心肌梗死复发、血液循环、大脑神经疾病、哮喘、慢性胃炎者

素养 46

泛酸 > 帮助分解有毒化学物质

作用

1 协助各种营养素发挥作用

2 制造能量的重要物质

3 促进肾上腺皮质激素合成

4 增强自主神经作用

5 提高机体免疫力

6 促进脂质和糖类的利用，多条代谢途径的必需成分

食物来源

大豆、花生、蘑菇、肉类、鸡蛋等几乎所有的食物中都能摄取到

获得方法

- 一天摄取大约5毫克即可，相当于3片牛肝（35克）或25克左右的黄豆
- 未精制的谷类等是较佳的泛酸来源
- 可选用复合维生素及矿物质的保健食品补充

适用人群

食欲不振、化学物质中毒、脚部灼热感、小腿抽筋者

素养 47

叶酸 › 帮助DNA合成，有效防止大脑发育不全

作用

1 帮助DNA合成及细胞分化

2 有效防止大脑及脊椎的先天异常及发育不全

3 有研究表明，叶酸有预防肺癌、直肠癌及心脑血管病等功效

食物来源

主要　富含于动物肝、肾

其次　鸡蛋、酵母、土豆、麦胚、毛豆、蚕豆、白菜豆、扁豆、龙须菜、菠菜、西兰花及甘蓝

获得方法

❶ 中国营养学会推荐成人每天摄取400微克

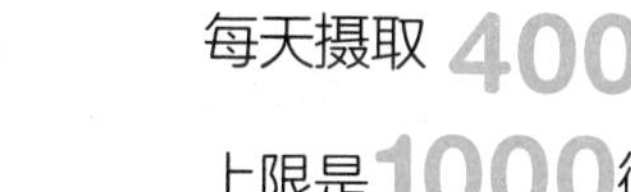

上限是1000微克

❷ 备孕者及孕妇特别需要摄取，可适当从保健食品中摄取

适用人群

不孕症、心脏病、肺癌、直肠癌、子宫颈癌、口腔炎、舌炎、失眠、健忘者

素养 48

维生素C > 抗氧化，增强免疫力

作用

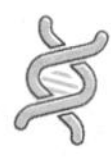

1. 与细胞间胶原蛋白的正常生长及维持密切相关
2. 提高免疫力
3. 抗氧化，防止胆固醇升高，延缓老化
4. 改善贫血
5. 辅助治疗骨质疏松症

食物来源

主要存在于新鲜的蔬菜、水果中（如柑橘类、凤梨莓、猕猴桃、沙棘果、菜花、青椒等）

获得方法

❶ 中国营养学会每日标准推荐摄取量约为100毫克
❷ 与维生素E一同摄取，可提高抗氧化能力，预防癌症

适用人群

易感冒，贫血，黑斑、雀斑等肌肤困扰，压力大，癌症，牙龈肿胀出血，关节疼痛者

素养 49

维生素D › 帮助构成骨骼、牙齿，促进肠内钙的吸收

作用

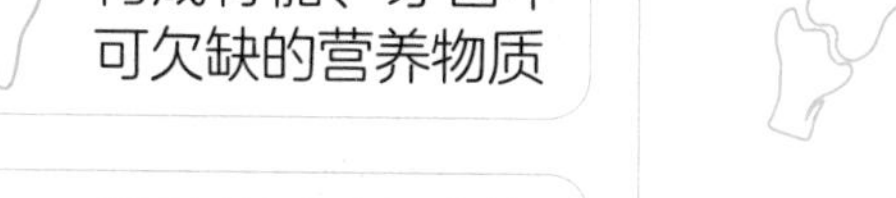

- 构成骨骼、牙齿不可欠缺的营养物质
- 帮助肠内钙质的吸收
- 具有免疫调节功能
- 帮助钙在骨骼内沉积

食物来源

动物性食物：
- 动物肝脏
- 蛋黄
- 鱼肝油制剂
- 深海鱼（如沙丁鱼）

获得方法

❶ 日光浴

❷ 与维生素A、维生素C、胆碱、钙、磷一同摄取，效果更佳

适用人群

蛀牙、软骨症、骨质疏松症、佝偻病、老年性肌肉衰减者，哺乳期的婴儿

素养 50

维生素E ＞ 防止老化，保持血管健康

作用

1. 抗氧化
2. 保持血管健康
3. 与雌激素和雄激素中类固醇激素的代谢密切相关
4. 有研究发现，与促排卵剂同用，可提高怀孕概率
5. 缓解更年期综合征
6. 增加精子数量，防治精子活动力衰退
7. 促进人体正常新陈代谢，增强机体耐力，维持骨骼肌、心肌、平滑肌、外周血管系统、中枢神经系统及视网膜的正常结构和功能
8. 保护肌肤

食物来源

含量较多：植物油、麦胚、向日葵、坚果、种子类、豆类及其他谷类

有一定量：蛋类、绿叶蔬菜

含量较少：肉、鱼类，水果及其他蔬菜

获得方法

中国营养学会推荐的维生素E适宜摄入量为

每日 **14** 毫克

一般食物中均含维生素E，坚果及初榨植物油中含量较高

维生素E补充剂
- 天然型：人体对天然型维生素E的吸收及反应更佳
- 合成型

适用人群

动脉粥样硬化、白内障、虚寒证、更年期综合征、不孕症者

素养 51

维生素K › 帮助血液凝固，促进骨骼形成

作用

有凝血、止血作用

骨骼形成不可缺少的维生素

食物来源

维生素K_1

从绿叶蔬菜中摄取

维生素K_2

富含在奶酪和纳豆中

注意

1 怀孕或哺乳中的女性如果缺乏维生素K，会影响婴儿

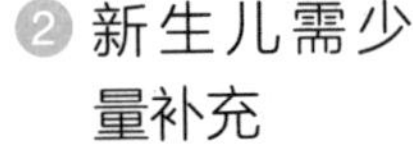

2 新生儿需少量补充

不要过量摄取

适用人群

生理期大量出血、骨质疏松症、新生儿缺乏维生素K出血症者

素养 52

叶黄素 › 保护黄斑，维持眼睛健康

作用

1 保护黄斑

2 维持眼睛健康所必需

食物来源

绿色蔬菜

特别是菠菜、芥蓝、西兰花及甘蓝菜等深色蔬菜

获得方法

预防黄斑病变等疾病，每天约摄入  6 毫克 最有效

（相当于半把菠菜，60～80克）

适用人群

眼睛黄斑病变者

素养 53

生物素 › 有利于维持肌肤和头发健康

作用

1 与脂肪酸合成及氨基酸代谢有关

2 帮助细胞生长及DNA合成

3 维持正常血糖值

4 维持头发及皮肤健康

5 预防贫血

6 减少引发过敏性皮炎的因素

7 改善糖尿病的控制

食物来源

猪肝　沙丁鱼　大豆　玉米

洋葱　蜂王浆　啤酒酵母

获得方法

中国营养学会推荐成人每天摄取量约40微克

适用人群

贫血、过敏性皮炎、皮疹者

素养 54

多酚 > 抗氧化，保护血管弹性

作用

1 抗氧化

2 预防癌症及老化

3 保护血管弹性，预防高胆固醇血症

4 保护肌肤

食物来源

花青素	葡萄皮、蓝莓、小红莓、松树皮	可可亚多酚	可可及巧克力
乌龙茶多酚	乌龙茶	番石榴叶多酚	番石榴叶
绿原酸（咖啡单宁酸）	咖啡	茶多酚	茶叶

适用人群

高脂血症、高胆固醇血症、动脉粥样硬化、脑血栓、癌症者

素养 55

类黄酮 > 抗氧化，促进血液循环

作用

1. 抗氧化
2. 有些有抗癌作用
3. 促进血液循环
4. 抑制血压上升
5. 保护毛细血管使其通畅

分类

- 包括异黄酮、黄酮、黄酮醇、异黄酮醇、黄烷酮、异黄烷酮、查尔酮等
- 目前已知的黄酮类化合物单体有8000多种，其中5000多种来源于不同的植物
- 黄酮类与多酚类的结构有很多类似的地方，目前对于二者的关联尚有争论

1

有人认为黄酮类属于多酚的和种

2

也有人认为与多酚是并列的两种物质

食物来源

黄酮醇类	洋葱、荞麦、苹果、甘蓝、杨梅
黄酮类	芹菜、紫苏
儿茶素类	绿茶、红茶
黄烷酮类	柑橘类
异黄酮类	大豆及其制品
芸香苷	槐花米和荞麦花内含量尤其丰富，此外也存在于芸香叶、番茄、橙皮等植物中

适用人群

动脉粥样硬化、高血压、过敏症状、骨质疏松症者

素养 56

异黄酮 › 帮助女性调节生理，预防动脉硬化

作用

1. 抗氧化
2. 辅助调节女性正常生理、保持女性美丽体形与细腻肌肤，抑制骨骼内钙流失，防止动脉硬化及高胆固醇血症
3. 减少血脂沉积在血管壁
4. 有研究发现，可预防男性前列腺疾病

获得方法

- 异黄酮是黄酮类化合物中的一种，主要存在于豆科植物中，大豆异黄酮最为常见
- 可从黄豆及黄豆制品中摄取大豆异黄酮，也可通过服用异黄酮保健食品获取

适用人群

癌症、更年期综合征、动脉粥样硬化者

素养 57

儿茶素 › 抗菌除臭，辅助降血压、血糖

作用

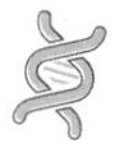

抑制病毒，预防感冒

抗氧化

抑制血压上升

抗菌除臭

降低血糖

食物来源

茶叶

特别是绿茶

适用人群

动脉粥样硬化、糖尿病、高血压病、蛀牙及口臭者

素养 58

辅酶Q_{10} > 美容护肤，有助于减肥

作用

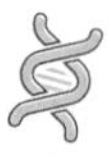

1 产生能量，尤其可强化心脏功能，缓解缺氧状态

2 抗氧化

3 美容护肤

4 确保肌肉正常功能

5 有助于减轻体重

食物来源

1 菠菜

2 花椰菜

3 坚果

4 肉和鱼类

5 动物内脏（心脏、肺脏、肝脏、肾脏、脾脏、肾上腺）含量较多

适用人群

心脏疾病、动脉粥样硬化、皮肤衰老、肥胖者

素养 59

膳食纤维 › 减肥降脂，帮助排便顺畅

作用

1 维持正常肠道功能，预防及缓解便秘
2 有利于控制体重，防止肥胖
3 预防结肠癌
4 预防糖尿病及某些肿瘤

食物来源

非水溶性膳食纤维 › 蔬菜、谷类、豆类、小麦麸皮、未熟的水果、蘑菇等

水溶性膳食纤维 › 成熟的水果、魔芋、海藻胶等

获得方法

❶ 成人每天建议摄取25克左右为宜

❷ 通过保健食品补充时应同时摄取适量水

注意

不可摄取过多
同时摄取药物和保健食品应错开时间

适用人群

便秘、癌症、肥胖、糖尿病、肾结石者

素养 60

乳酸菌 › 调节肠道菌群，解决胃肠问题

作用

1 调节肠道环境均衡

2 保障营养物质吸收

食物来源

酸奶、活性乳酸菌饮料
益生菌制剂

获得方法

› 儿童及老年人需要经常补充益生菌

注意

目前市面上所有的乳酸饮料，虽含乳酸菌等益生菌，但还含糖分，易引起超重或龋齿，注意摄取量

适用人群

便秘、腹泻、癌症、肝功能受损者

素养 61

EPA、DHA > 预防动脉粥样硬化

作用

1 维持大脑功能

2 预防动脉粥样硬化、脑血管障碍、缺血性心脏病等

3 增强学习记忆能力

获得方法

1 食用沙丁鱼、带鱼、鱿鱼、金枪鱼等鱼类及海藻类食物

2 选用保健食品时需确认其所标示的推荐摄取量

! 不能摄取过量
有外伤或出血性疾病者不应摄取

适用人群

高血压、动脉粥样硬化、健忘、疲劳、过敏者

素养 62

胶原蛋白 › 保持皮肤、头发、骨骼等的弹性和张力

作用

在体内细胞间起连接作用

支撑内脏器官，是构成身体的支架

保持身体的弹性和张力（如皮肤、骨骼、头发等）

有助于减肥

获得方法

1 摄入富含胶原蛋白的食物或保健食品

2 配合维生素C及铁质摄入

适用人群

皮肤老化、骨质疏松症、视疲劳、脱发者

素养63

花生四烯酸 › 有助于提高大脑功能

作用

1 增强神经突触传导能力

2 维护和提高大脑功能

食物来源

鸡蛋

肉类（猪肝）

鱼类

获得方法

- 人体每天摄取大约240毫克的花生四烯酸（ARA）即可达到保健效果
- 特殊人群如哺乳期妇女、儿童及老年人可适量选用补充ARA的保健食品

适用人群

大脑老化者

素养 64

类胡萝卜素 › 具有很强的抗氧化能力

作用

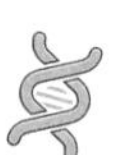

1 虾红素、玉米黄素、隐黄素、番茄红素能抗氧化

2 虾红素、番茄红素可保护血管壁

3 玉米黄素可协助去除眼睛中的过氧化物

4 隐黄素、番茄红素能保护细胞，抑制癌症

分类

虾红素、玉米黄素、隐黄素、番茄红素等600余种

食物来源

- β-胡萝卜素：胡萝卜、青椒等
- 虾红素：鲑鱼、鲑鱼子、鲷鱼、虾子、螃蟹等
- 玉米黄素：木瓜、芒果、菠菜等
- 隐黄素：玉米、橘子、橙子、沙田柚等
- 番茄红素：成熟番茄等

获得方法

1 β-胡萝卜素在天然食物中含量最多

2 从各种食物中均衡摄取效果较佳

3 针对不同的问题，可选择不同的类胡萝卜素补充剂，如β-胡萝卜素、叶黄素等

适用人群

动脉粥样硬化、皮肤老化、眼部病变、黑斑及皱纹、癌症者

素养 65

寡糖 › 帮助改善肠道菌群，增强免疫力

作用

改善肠道菌群

热量极低，利于减肥

增强免疫力

预防口臭

食物来源

- 寡糖也叫低聚糖，也属于水溶性膳食纤维的范畴
- 香蕉、蜂蜜、大蒜、洋葱、菊芋和燕麦中都含有不同种类的寡糖

获得方法

1 富含寡糖的食物有豆类、燕麦、洋葱、大蒜、香蕉、菊芋等

2 水溶性低聚糖膳食补充剂也是寡糖的重要来源

适用人群

便秘、口臭、肥胖、蛀牙者

素养 66

肉碱 > 燃烧脂肪的必需成分

作用

1. 减少脂肪在体内的沉积，保持体形
2. 抗疲劳、抗氧化，延缓衰老
3. 负责将脂肪酸搬运到细胞内线粒体中氧化代谢

食物来源

动物肌肉蛋白质

肉类和奶制品，特别是羊肉

获得方法

一般从日常饮食中即可摄取到

适用人群

血液透析所致肥胖、疲劳者

素养 67

辣椒素 > 促进激素分泌，分解体内脂肪

作用

1 促进激素分泌
2 分解体内脂肪
3 可辅助降糖
4 脱敏
5 提升皮肤温度，促进血液循环
6 提高心脏功能，抑制血压上升

食物来源

‹‹‹ 辣椒籽

获得方法

- 烹调时与大蒜一起食用，有助于促进血液循环，消除疲劳

! 注意不要吃得过辣或大量摄入，避免影响胃肠功能

适用人群

肥胖、虚寒证、疲劳、食欲不振、肩膀酸痛、糖尿病者

素养 68

木瓜酶 > 帮助消化，保护肠胃黏膜

作用

1 缓解消化不良或肠胃不适等

2 保护肠胃黏膜

3 缓解疼痛

4 抗菌、抗炎

5 缓解过敏反应

6 促进肌肤代谢，护肤、美容

获得方法

1 通过食物（青木瓜）摄取

2 保健食品有从青木瓜果实及其树干取得的乳汁萃取物及干燥后制成的粉末

适用人群

胃肠不适、糖尿病、高血压、过敏性疾病者

素养 69

植物固醇 › 有效降低血胆固醇，提高免疫力

作用

1 减少胆固醇的吸收　2 提高免疫力

3 预防心脏病、肠癌、前列腺癌、乳腺癌等，抑制细胞分裂，加速肿瘤细胞死亡

分类

豆固醇、β-谷固醇、菜油固醇等若干种

食物来源

植物油　果仁　豆类　种子

壳类　水果　蔬菜

获得方法

- 食用富含植物固醇的食物
- 患有高胆固醇血症、冠状动脉粥样硬化性心脏病（冠心病）者，可考虑摄入一些含有植物固醇的保健食品

适用人群

动脉粥样硬化、癌症、血胆固醇升高者

素养 70

乳清蛋白 › 帮助提高免疫功能，抗衰老

作用

1 提高免疫力

2 抗氧化，抗衰老

食物来源

奶及奶制品
乳清蛋白粉

获得方法

1 在运动前1～2小时，或运动后1小时摄取更有效

2 蛋白质 + 糖类或部分脂肪 一同摄取，效果更佳

适用人群

阿尔茨海默病、蛋白质营养不良、素食者

素养 71

乳铁蛋白 › 具有很强的抗菌作用，增强免疫力

作用

1 抗氧化

2 增强免疫力

3 有助于抗病毒、抗炎及抗癌

4 促进铁质吸收

食物来源

从优质新鲜牛奶中分离提纯、真空冷冻干燥而成

获得方法

- 经过高温高压处理过得牛奶及奶制品中几乎没有乳铁蛋白存在
- 从食物中摄取较困难，可通过保健食品摄取
- 建议每天摄取0.5～1.2克乳铁蛋白
- 牛奶过敏者应慎用

适用人群

癌症、贫血、免疫功能低下者